サイパー思考力算数練習帳シリーズ
シリーズ５３
面積図 2
差集め算・過不足算・濃度・個数を逆にまちがった問題

小数範囲：四則計算が正確にできること（一部「比」の考え方あり）
濃度の考え方、%の単位換算ができること

JN123091

◆ **本書の特長**

1、算数・数学の考え方の重要な基礎であり□□□□□□□□□□□□□□□である数の性質の中で、本書は公約数・公倍数の応用について□□□□□。

2、自分ひとりで考えて解けるように工夫して作成されています。他のサイパー思考力算数練習帳と同様に、**教え込まなくても学習できる**ように構成されています。

3、かけ算（わり算）で解くさまざまな問題について、面積図を用いて解く方法を学びます。

◆ **サイパー思考力算数練習帳シリーズについて**

ある問題について同じ種類・同じレベルの問題をくりかえし練習することによって、確かな定着が得られます。

そこで、中学入試につながる文章題について、同種類・同レベルの問題をくりかえし練習することができる教材を作成しました。

◆ **指導上の注意**

① 解けない問題、本人が悩んでいる問題については、お母さん（お父さん）が説明してあげて下さい。その時に、できるだけ具体的なものにたとえて説明してあげると良くわかります。

② お母さん（お父さん）はあくまでも補助で、問題を解くのはお子さん本人です。お子さんの達成感を満たすためには、「解き方」から「答」までの全てを教えてしまわないで下さい。教える場合はヒントを与える程度にしておき、本人が自力で答を出すのを待ってあげて下さい。

③ お子さんのやる気が低くなってきていると感じたら、無理にさせないで下さい。お子さんが興味を示す別の問題をさせるのも良いでしょう。

④ 丸付けは、その場でしてあげて下さい。フィードバック（自分のやった行為が正しいかどうか評価を受けること）は早ければ早いほど、本人の学習意欲と定着につながります。

もくじ

差集め算・過不足算

例題１、 １本５０円のえんぴつと、１本７０円のえんぴつを同じ本数買った時、それぞれの代金の差が１６０円になりました。えんぴつはそれぞれ何本ずつ買いましたか。

　たてを金額、横を本数にして面積図を書きます。それぞれ２つの面積図を書くと

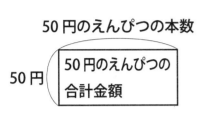

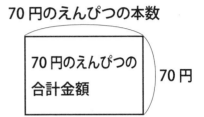

となります。

　この２つの面積図を合わせます。５０円のえんぴつ、７０円のえんぴつ、どちらも同じ本数なので、この２つの面積図をかさねて用います。【図１】

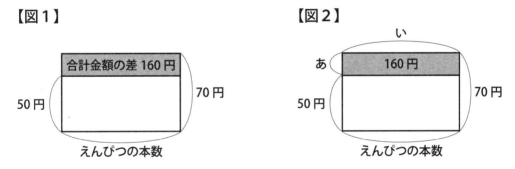

　上の灰色(はいいろ)の部分の面積が「５０円のえんぴつの合計金額と７０円のえんぴつの合計金額の差」になります。

　【図２】から　　あ＝７０円－５０円＝２０円　　い＝１６０円÷２０円＝８本

> 「差集め算」の、面積図を使わない解き方は「サイパー思考力算数練習帳シリーズ１１　つるかめ算と差集め算」を学習してください。

答、＿＿８本ずつ＿＿

例題２、 はなこさんのクラスでは、全員に消しゴムをくばることになりました。１人３個(こ)ずつくばると５６個あまったので、１人５個ずつくばると、ちょうどくばり切れました。クラスの人数は何人ですか。また、消しゴムの数は全部で何個ですか。

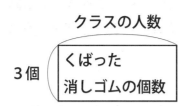

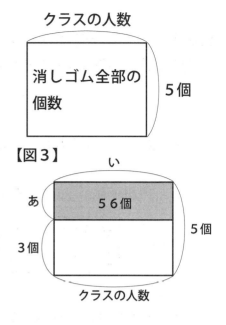

面積図の横の長さ、つまりクラスの人数はどちらも同じなので、この2つの面積図をかさねて用います。【図3】

あ＝5個－3個＝2個

い＝56個÷2個＝28人…クラスの人数

5個×28人＝140個…消しゴムの個数

答、　クラスの人数　28人、消しゴムの個数　140個

例題3、ゆりこさんのクラスでは、全員に消しゴムをくばることになりました。1人7個ずつくばると60個足りなかったので、1人5個ずつにすると、ちょうどくばり切れました。クラスの人数は何人ですか。また、消しゴムの数は全部で何個ですか。

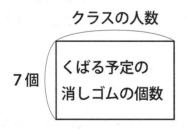

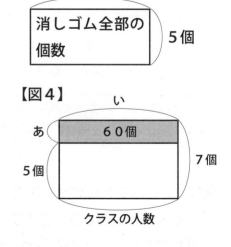

これも、かさねて用いましょう。【図4】

面積図の上の灰色の部分が、足りなかった消しゴムの数になります。

あ＝7個－5個＝2個

い＝60個÷2個＝30人…クラスの人数

5個×30人＝150個…消しゴムの個数

答、　クラスの人数　30人、消しゴムの個数　150個

差集め算・過不足算

例題４、いちろうくんのクラスでは、全員に消しゴムをくばることになりました。１人３個ずつくばると２０個あまったので、１人４個ずつくばると５個足りなくなりました。クラスの人数は何人ですか。また、消しゴムの数は全部で何個ですか。

　　少し複雑になってきたので、面積図に工夫を入れて説明しましょう。
実際の消しゴムの個数を灰色の長方形で表すことにします。

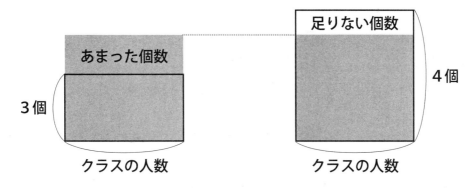

　　１人３個ずつくばった左の面積図は、上の灰色の出っぱった部分があまった個数になります。また、１人４個ずつくばった右の面積図は、上の白い部分が足りない個数になります。

　　この２つの面積図を重ねると【図５】のようにになります。それに数字を書き入れたものが【図６】です。

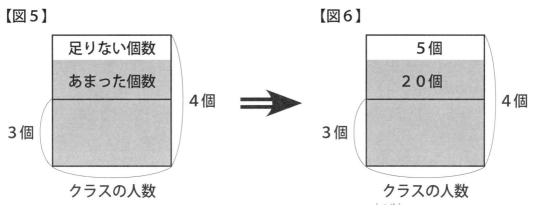

ここから、さらに整理したものがＰ６【図７】です。斜線の部分の面積が
２０個＋５個＝２５個　になります。

【図7】

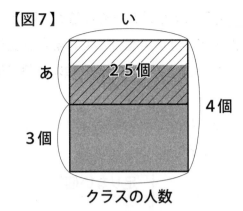

あ＝４個－３個＝１個　　い＝２５個÷１個＝２５人

３個×２５人＋２０個＝９５個　　（４個×２５人－５個＝９５個）

答、　クラスの人数　２５人、　消しゴムの個数　９５個

例題５、けんたくんのクラスでは、全員に消しゴムをくばることになりました。　１人３個ずつくばると３６個あまったので、１人４個ずつくばりましたがそれでも８個あまりました。クラスの人数は何人ですか。また、消しゴムの数は全部で何個ですか。

３個ずつくばっても４個ずつくばっても、**いずれも消しゴムはあまった**ので、下のような図になります。灰色の長方形が実際の消しゴムの個数です。

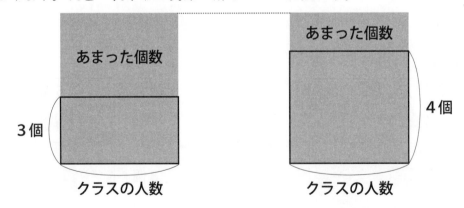

これらを重ねると

差集め算・過不足算

【図8】
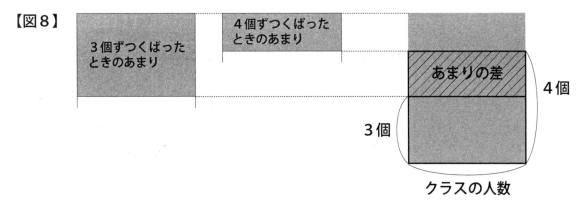

【図8】のようになり、この面積図の斜線の部分は、1人3個ずつくばったときのあまりと、1人4個ずつくばったときのあまりの差になります。これに数字を書き入れます。

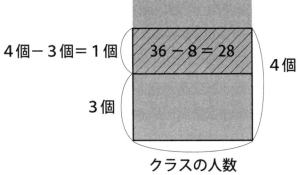

　斜線部分のたての長さは4個－3個＝1個、面積は36個－8個＝28個。すると横の長さ（人数）は28個÷1個＝28人。

　消しゴムの数は3個×28人＋36個＝120個

　（4個×28人＋8個＝120個）

<u>　　　　　答、　クラスの人数　28人、　消しゴムの個数　120個　</u>

例題6、さつきさんのクラスでは、全員に消しゴムをくばることになりました。1人7個ずつくばると77個足りなくなったので、1人5個ずつにへらしましたがそれでも15個足りませんでした。クラスの人数は何人ですか。また、消しゴムの数は全部で何個ですか。

　7個ずつくばっても5個ずつくばっても、**いずれも消しゴムは足りなかった**ので、P8【図9】になります。灰色の長方形が実際の消しゴムの個数です。

差集め算・過不足算

【図9】

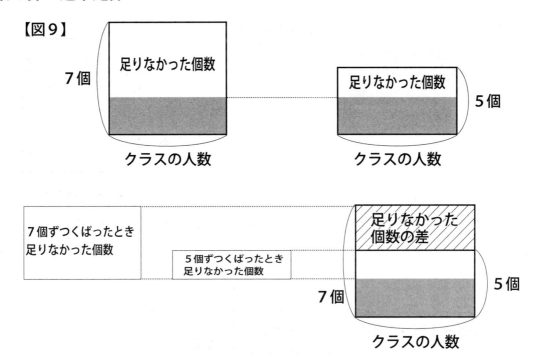

上図の斜線の部分は、１人７個ずつくばったときに足りなかった個数と、１人５個ずつくばったときに足りなかった個数の差になります。数字を書き入れましょう。

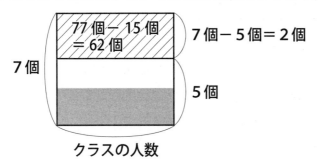

斜線部分のたての長さは７個－５個＝２個、面積は７７個－１５個＝６２個。すると横の長さ（人数）は６２個÷２個＝３１人。

消しゴムの数は７個×３１人－７７個＝１４０個

（５個×３１人－１５個＝１４０個）

<u>答、　クラスの人数　３１人、　消しゴムの個数　１４０個</u>

例題７、家から学校まで行くのに、分速６０ｍで歩くと予定した時間より７分多くかかり、分速８０ｍで歩くと予定した時間より３分早くつきます。家から学校までの道のりは何ｍですか。

差集め算・過不足算

たてを「速さ」、横を「かかった時間」として、面積図を書きます。灰色の長方形の部分が「家から学校までの道のり」になります。(XX m/分 ＝ 分速XX m)

【図10】

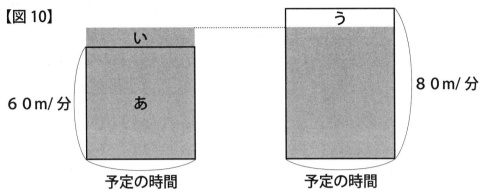

【図10】の灰色の長方形の面積は、家から学校までの道のりにあたります。「あ」の長方形の面積は６０m/分で予定の時間歩いた道のりで、学校までの道のりより「い」の部分だけ少なくなり、「い」の部分が７分多く歩いた道のりになります。

　８０m/分で歩くと予定の時間より３分早くつくということは、その３分を歩き続けると学校までの道のりより多く歩けることになり、【図10】の「う」の白い長方形が８０m/分で３分歩いた道のりになります。

　線分図で表すと、下図のようになります。

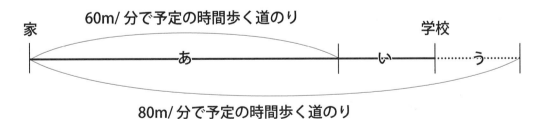

P10【図11】より

い＝６０m/分×７分＝４２０m　　う＝８０m/分×３分＝２４０m

４２０m＋２４０m＝６６０m…い＋うの面積

え＝８０m/分−６０m/分＝２０m/分

差集め算・過不足算

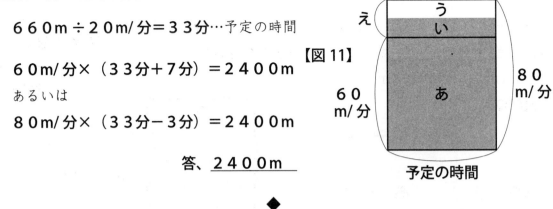

$$660m ÷ 20m/分 ＝ 33分 …予定の時間$$

$$60m/分 × （33分＋7分） ＝ 2400m$$

あるいは

$$80m/分 × （33分－3分） ＝ 2400m$$

答、<u>2400m</u>

【図11】

◆

別解　【図12】

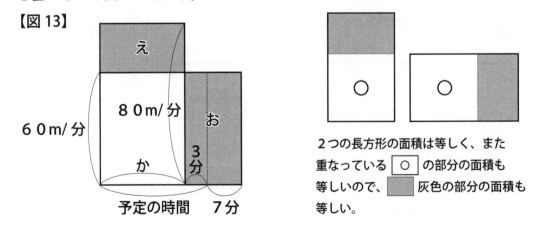

【図12】左の面積図が60m／分で歩いた時の学校までの道のり、右の面積図が80m／分で歩いた時の学校までの道のりです。どちらも同じ面積です。

2つを重ねると下図になります。

【図13】

2つの長方形の面積は等しく、また重なっている ○ の部分の面積も等しいので、▨ 灰色の部分の面積も等しい。

重なっている部分の面積は等しいので、「え」と「お」の灰色の部分の面積も等しくなります。

差集め算・過不足算

P10【図13】より

お＝６０m/分×（３分＋７分）＝６００m　→　「え」の面積になる

６００m÷（８０m/分－６０m/分）＝３０分…か

６０m/分×（３０分＋３分＋７分）＝２４００m

あるいは　　８０m/分×３０分＝２４００m　　　　　　　　答、＿２４００m＿

例題８、 ある本を全部読むのに、１日２０ページずつ読むと、１日１５ページずつ読むよりちょうど１０日早く読み終わります。この本は全部で何ページありますか。

１日２０ページ読んだ時と１日１５ページ読んだ時を、それぞれ面積図にします。

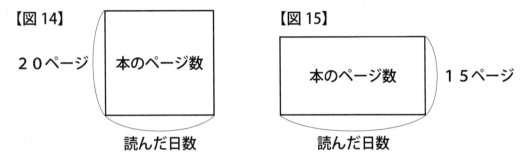

これを重ねると下のような面積図になります。

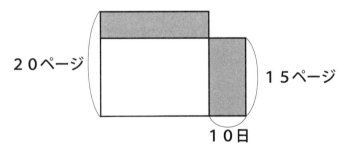

　１日２０ページ読んだのも１日１５ページ読んだのも同じ本ですから、【図14】の長方形も【図15】の長方形も、面積は等しいことになり、上図の灰色の部分の面積は等しくなります。

差集め算・過不足算

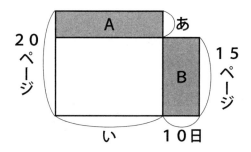 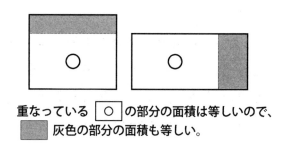

重なっている ◯ の部分の面積は等しいので、
灰色の部分の面積も等しい。

上図より、Ｂの部分の面積が求められます。

Ｂ＝１５ページ×１０日＝１５０ページ　これはＢの面積ですが、等しいＡの面積でもあります。　Ａ＝１５０ページ

あ＝２０ページ－１５ページ＝５ページ　　い＝１５０ページ÷５ページ＝３０日

本の全部のページは　２０ページ×３０日＝６００ページ

あるいは　　１５ページ×（３０日＋１０日）＝６００ページ

答、　６００ページ

例題９、あきらくんは、ある金額を決めて貯金をすることにしました。毎日６０円ずつ貯金するより毎日５０円貯金する方が、ちょうど７日多くかかります。あきらくんの貯金する金額はいくらですか。

面積図は、右のようになります。

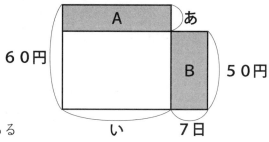

５０円×７日＝３５０円…Ｂ　→Ａでもある

６０円－５０円＝１０円　　３５０円÷１０円＝３５日…い

６０円×３５日＝２１００円

答、　２１００円

例題１０、はるこさんは、ある金額を決めて貯金をすることにしました。１５日でためるより１８日でためた方が、毎日１６円ずつ少なくてすみます。はるこさんの貯金する金額はいくらですか。

差集め算・過不足算

面積図は、右図のようになります。

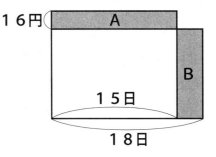

これも、どちらの方法でも貯金する金額はかわらないので、「A」の面積と「B」の面積が等しいことになります。

16円×15日＝240円…A

240円÷（18日－15日）＝80円…18日でためた時の1日の金額

80円×18日＝1440円　　　　　　　　　　　答、　1440円

◆　　　◆　　　◆　　　◆　　　◆　　　◆　　　◆

★以下、全て面積図を書いて答えましょう。

問題1、1本60円のえんぴつと、1本90円のえんぴつを同じ本数買った時、それぞれの代金の差が270円になりました。えんぴつはそれぞれ何本ずつ買いましたか。

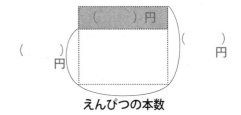

答、＿＿＿＿＿本ずつ

問題2、よしこさんのクラスでは、全員に消しゴムをくばることになりました。1人4個ずつくばると75個あまったので、1人7個ずつくばると、ちょうどくばり切れました。クラスの人数は何人ですか。また、消しゴムの数は全部で何個ですか。

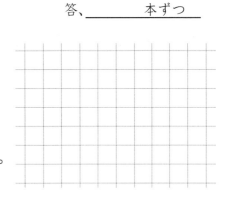

答、　クラスの人数　　　　人、消しゴムの数　　　　個

差集め算・過不足算

問題３、じろうくんのクラスでは、全員に消しゴム
をくばることになりました。１人４個ずつくばる
と３０個あまったので、１人６個ずつくばると８
個足りなくなりました。クラスの人数は何人です
か。また、消しゴムの数は全部で何個ですか。

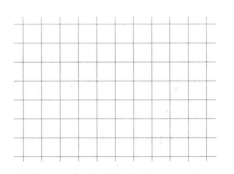

答、＿＿クラスの人数＿＿＿＿人、消しゴムの数＿＿＿個＿

問題４、家から学校まで行くのに、分速６０ｍで歩
くと予定した時間より５分多くかかり、分速８０ｍ
で歩くと予定した時間より３分早くつきます。家
から学校までの道のりは何ｍですか。

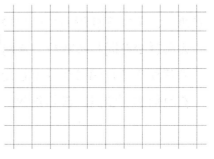

答、＿＿＿＿＿＿＿＿＿＿ｍ＿

問題５、ある本を全部読むのに、１日２４ページずつ読むと、１日１８ページずつ読
むよりちょうど１週間早く読み終わります。この本は全部で何ページありますか。

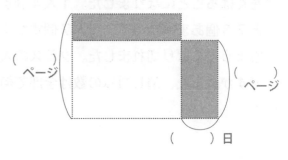

答、＿＿＿＿＿＿＿＿ページ＿

テスト1

点

★以下、全て面積図を書いて答えましょう。

テスト1-1、みきこさんのクラスでは、全員にノートを
くばることになりました。1人6冊ずつくばると54冊足りなかったので、1人4
冊ずつにすると、ちょうどくばり切れました。クラスの人数は何人ですか。また、
ノートの数は全部で何冊ですか。(図6点、答6点)

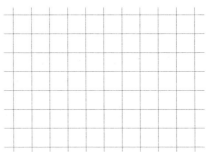

答、 クラスの人数 ____ 人、ノートの数 ____ 冊

テスト1-2、ももこさんのクラスでは、全員にジュースをくばることになりました。
1人9本ずつくばると69本足りなくなったので、1人7本ずつにへらしました
がそれでも7本足りませんでした。クラスの人数は何人ですか。また、ジュース
の数は全部で何本ですか。(図6点、答6点)

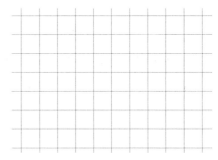

答、 クラスの人数 ____ 人、ジュースの数 ____ 本

テスト1-3、としおくんのクラスでは、全員にえんぴつをくばることになりました。
1人6本ずつくばると132本あまったので、1人10本ずつくばりましたがそ
れでも20本あまりました。クラスの人数は何人ですか。また、えんぴつの数は
全部で何本ですか。(図6点、答6点)

テスト1

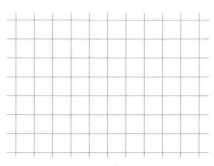

答、　クラスの人数　　　　人、えんぴつの数　　　本

テスト1ー4、ふゆみさんは、ある金額を決めて貯金をすることにしました。16日でためるより24日でためた方が、毎日10円ずつ少なくてすみます。はるこさんの貯金する金額はいくらですか。（図6点、答6点）

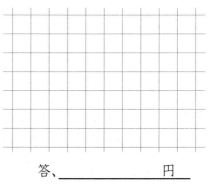

答、＿＿＿＿＿＿＿円

テスト1ー5、なつおくんは、ある金額を決めて貯金をすることにしました。毎日50円ずつ貯金するより毎日35円貯金する方が、ちょうど6日おそくたまります。あきらくんの貯金する金額はいくらですか。（図6点、答7点）

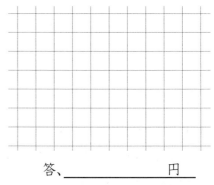

答、＿＿＿＿＿＿＿円

テスト1ー6、1個150円のりんごを何個か買う予定で、お店に行きました。すると今日は特売日でりんごは1個120円でした。そこでりんごを予定より4個多

テスト１

く買い、さらに６０円のオレンジを買ったら、最初に予定していた金額になりました。最初、りんごは何個買う予定でしたか。また予定の金額はいくらでしたか。

（図６点、答７点）

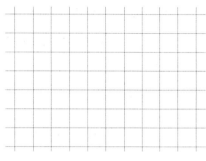

答、＿＿りんご＿＿＿＿個、＿＿＿＿＿＿＿＿円＿

テスト１－７、家から学校まで行くのに、分速７０ｍで歩くと予定した時間より２分多くかかり、分速８５ｍで歩くと予定した時間より１分早くつきます。家から学校までの道のりは何ｍですか。（図６点、答７点）

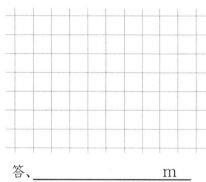

答、＿＿＿＿＿＿＿＿＿ｍ＿

テスト１－８、家から学校まで行くのに、分速５５ｍで歩くと予定した時間より１０分多くかかり、分速７５ｍで歩いても予定した時間より２分多くかかります。家から学校までの道のりは何ｍですか。（図６点、答７点）

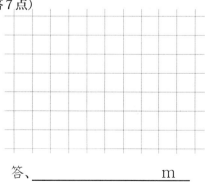

答、＿＿＿＿＿＿＿＿＿ｍ＿

食塩水の濃度

食塩水の濃度＝食塩の重さ÷食塩水全体の重さ

「食塩水全体の重さ」とは「食塩の重さ＋水の重さ」のことです。ですから

食塩水の濃度＝食塩の重さ÷（食塩の重さ＋水の重さ）

と言いかえることもできます。

また、分数で表すと

$$食塩水の濃度＝\frac{食塩の重さ}{食塩水全体の重さ}$$

$$食塩水の濃度＝\frac{食塩の重さ}{食塩の重さ＋水の重さ}$$

となります。

> 「割合」「食塩水の濃度」の基礎については、「サイパー思考力算数練習帳シリーズ10　倍から割合へ」を学習してください。

一般に食塩水の濃度はパーセント（％）で表しますので、求めた濃度を１００倍して、単位を％にすることが多いです。

食塩水の濃度（％）＝食塩の重さ÷（食塩の重さ＋水の重さ）×１００

$$食塩水の濃度（％）＝\frac{食塩の重さ}{食塩水全体の重さ}×１００$$

$$食塩水の濃度（％）＝\frac{食塩の重さ}{食塩の重さ＋水の重さ}×１００$$

★パーセントでない濃度をパーセント濃度に単位換算するには、１００倍します。
また、パーセント濃度をパーセントでない濃度に換算するには、１００で割ります。
０．０７×１００＝７　　　　　→　０．０７＝７％
１２．３％÷１００＝０．１２３　→　１２．３％＝０．１２３

例題１１、水に２５ｇの食塩を溶かして、１００ｇの食塩水をつくりました。できた食塩水の濃度は何％ですか。

食塩：２５ｇ　　食塩水全体：１００ｇですから、上記の計算式より

食塩水の濃度

$$25g \div 100g \times 100 = 25\%$$　　　　　　　　答、__25%__

例題１２、 １００gの水に２５gの食塩を溶かしました。できた食塩水の濃度は何％ですか。

食塩：２５g　　食塩水全体：２５g＋１００g
$$25g \div (25g + 100g) \times 100 = 20\%$$　　　答、__20%__

例題１３、 水に２０gの食塩を溶かして、１００gの食塩水をつくりました。できた食塩水の濃度はいくらですか。

食塩：２０g　　食塩水全体：１００g　　ここでは「…何％ですか」という質問ではないので、濃度は小数のままで答えましょう。

$$20g \div 100 = 0.2$$　　　　　　答、__0.2__

　　確認です。食塩水の濃度の計算式は
**　　　　食塩水の濃度＝食塩の重さ÷食塩水全体の重さ**
ですので、この式を変形すると
**　　　　食塩の重さ＝食塩水全体の重さ×食塩水の濃度**
となり、かけ算の式ですから面積図に直すことができます。
　　食塩水の問題を面積図にする時には、「たて」に「濃度」、横に「食塩水全体の重さ」をとり、面積が「食塩の重さ」となります。

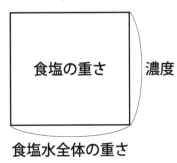

食塩水の濃度

例題１４、濃度が０.３の１００ｇの食塩水には、何ｇの食塩が溶けていますか。

「食塩の重さ＝食塩水全体の重さ×食塩水の濃度」　ですから

食塩の重さｇ＝１００ｇ×０.３＝３０ｇ

答、＿＿３０ｇ＿＿

「例題１４」を面積図にすると、右図になります。

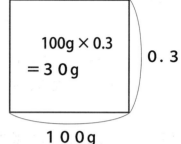

例題１５、７％の食塩水１０５ｇと１２％の食塩水７０ｇをまぜると、何％の食塩水が何ｇできますか。

面積図にすると【図16】のようになります。左の長方形が「７％の食塩水１０５ｇに含まれる食塩の重さ」で、右の長方形が「１３％の食塩水７０ｇに含まれる食塩の重さ」となります。

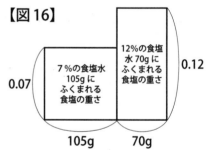

【図17】の灰色の部分が、まぜてできた食塩水の面積図です。灰色の長方形の面積が、まぜてできた食塩水にふくまれる食塩の重さです。

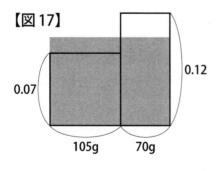

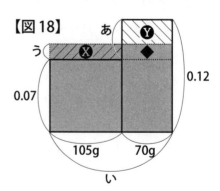

まぜる前もまぜた後も、食塩の重さの合計は等しいので、【図16】の２つの長方形の面積の合計は【図17】の灰色の長方形の面積と等しいことになります。

食塩水の濃度

したがって、【図18】の斜線部分ⓍとⓎの面積は等しくなります。すると「Ⓧ＋◆」と「Ⓨ＋◆」の面積も等しくなります。

7％＝0.07　　　12％＝0.12
あ＝0.12－0.07＝0.05　　　0.05×70g＝3.5…Ⓨ＋◆
「Ⓨ＋◆」は「Ⓧ＋◆」と等しいので　　　Ⓧ＋◆＝3.5
い＝105g＋70g＝175g　　3.5÷175g＝0.02…う
0.07＋0.02＝0.09＝9％

答、　9％の食塩水が175g

例題16、16％の食塩水100gに食塩20gをまぜると、何％の食塩水が何gできますか。

★「食塩」は「100％の食塩水」と考えます。
16％＝0.16　　　100％＝1
【図19】より
1－0.16＝0.84…あ
0.84×20g＝16.8g…Ⓨ＋◆＝Ⓧ＋◆
16.8÷（100g＋20g）＝0.14…い
0.16＋0.14＝0.3＝30％

【図19】

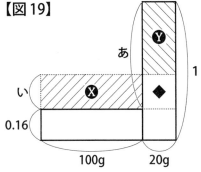

答、　30％の食塩水が120g

例題17、16.5％の食塩水100gに水10gをまぜると、何％の食塩水が何gできますか。

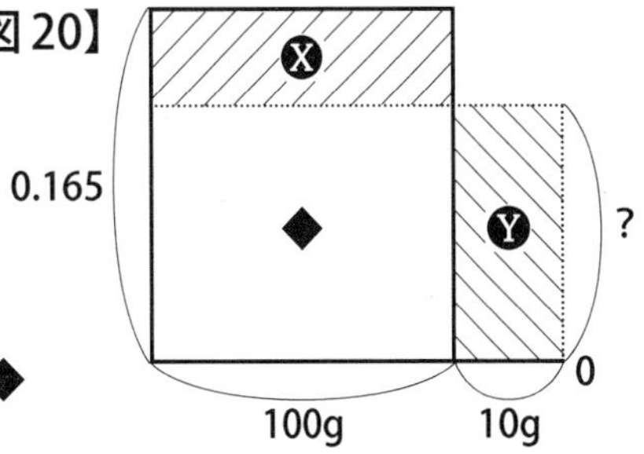

★「水」は「0％の食塩水」と考えます。
16.5％＝0.165
【図20】より
0.165×100g＝16.5g…Ⓧ＋◆　＝Ⓨ＋◆
16.5÷（100g＋10g）＝0.15＝15％

答、　15％の食塩水が110g

食塩水の濃度

例題１８、１２％の食塩水１００ｇから水４０ｇを蒸発させると、何％の食塩水が何ｇできますか。

★「蒸発させる」問題は、「水」を混ぜる問題に書きかえて考えます。

この問題の場合、

「１２％の食塩水１００ｇ」－「水４０ｇ」＝「答の食塩水」

です。「答の食塩水」の重さは　　１００ｇ－４０ｇ＝６０ｇ　　とわかりますから

「１２％の食塩水１００ｇ」－「水４０ｇ」＝「答の食塩水：？％６０ｇ」

となります。これを逆に考えると

「答の食塩水：？％６０ｇ」＋「水４０ｇ」＝「１２％の食塩水１００ｇ」

です。これを面積図に書きましょう。

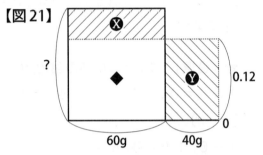

【図21】より

０.１２×１００ｇ＝１２ｇ…Ⓨ＋◆

　　　　　　　　＝Ⓧ＋◆

？×６０ｇ＝１２ｇ

１２ｇ÷６０ｇ＝０.２＝２０％

答、　２０％の食塩水が６０ｇ

※例題１９、１５％の食塩水と２０％の食塩水をまぜて１８％の食塩水を５００ｇつくりました。１５％の食塩水と２０％の食塩水をそれぞれ何ｇずつまぜましたか。

（この問題は「比」の考え方が必要です。まだ習っていない人は「比」を学習してから解きましょう）

これまでの問題と同様に、【図22】のⓍとⓎの面積は等しくなります。

１５％＝０.１５　　１８％＝０.１８

あ＝０.１８－０.１５＝０.０３

い＝０.２－０.１８＝０.０２

Ⓧ＝あ×Ａ　　　Ⓨ＝い×Ｂ

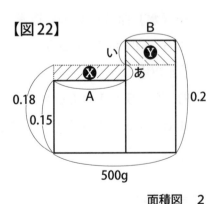

食塩水の濃度

❌=❌ ですから あ×Ａ＝い×Ｂ です。すると「Ａ：Ｂ」の比は「あ：い」の逆比になります。

あ：い＝0.03：0.02＝3：2 → Ａ：Ｂ＝2：3

Ａ＋Ｂ＝500gですから、500gを「2：3」で比例配分すれば、それぞれの重さがわかることになります。

$$A＝500g×\frac{2}{2＋3}＝200g \quad B＝500g－200g＝300g$$

答、　15％の食塩水：200g　20％の食塩水：300g

◆　　　◆　　　◆　　　◆　　　◆　　　◆　　　◆

★以下、全て面積図を書いて答えましょう。

問題6、6％の食塩水75gと10％の食塩水25gをまぜると、何％の食塩水が何gできますか。

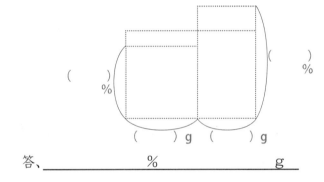

答、＿＿＿＿＿＿＿＿＿＿＿％＿＿＿＿＿＿g

問題7、25％の食塩水120gに何％かの食塩水80gをまぜると、19％の食塩水ができました。まぜた80gの食塩水は何％でしたか。

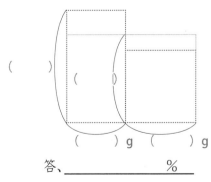

答、＿＿＿＿＿＿＿＿＿％

食塩水の濃度

問題8、２０％の食塩水１５０ｇに食塩１０ｇをまぜると、何％の食塩水が何ｇでき
　ますか。

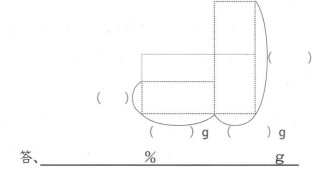

　　　　　　　　　答、＿＿＿＿＿＿＿％＿＿＿＿＿＿＿ｇ

問題9、ある食塩水１５０ｇに食塩２０ｇをまぜると、２５％の食塩水ができました。
　　ある食塩水１５０ｇの濃度は何％でしたか。

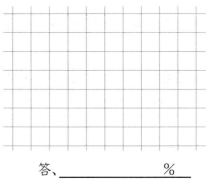

　　　　　　　　　　答、＿＿＿＿＿＿＿％

問題１０、２０％の食塩水６０ｇに水９０ｇをまぜると、何％の食塩水が何ｇできま
　すか。

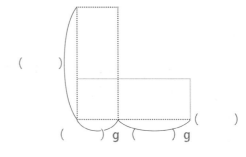

　　　　　　　　　答、＿＿＿＿＿＿＿％＿＿＿＿＿＿＿ｇ

問題１１、ある食塩水に水４０ｇをまぜると、１５％の食塩水１４０ｇができました。
　　ある食塩水は何％で何ｇでしたか。

食塩水の濃度

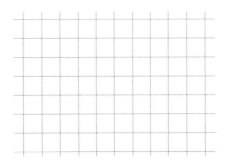

答、＿＿＿＿＿＿＿＿＿＿＿％＿＿＿＿＿＿＿＿＿＿＿g

問題１２、１０％の食塩水２２５gからに水１３５gを蒸発させると、何％の食塩水
　が何gできますか。

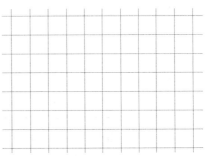

答、＿＿＿＿＿＿＿＿＿＿＿％＿＿＿＿＿＿＿＿＿＿＿g

※問題１３、１０％の食塩水と１８％の食塩水をまぜて１３％の食塩水を３２０gつ
　くりました。１０％の食塩水と１８％の食塩水をそれぞれ何gずつまぜましたか。

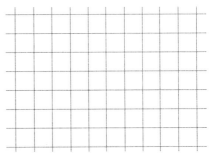

答、＿＿１０％＿＿＿＿＿g、１８％＿＿＿＿＿＿g

個数を逆にまちがった問題

例題２０、１本３０円のえんぴつと１本５０円の鉛筆をあわせて２０本買う予定でしたが、まちがえて本数を逆に買ってしまったため、代金が１２０円高くなってしまいました。正しく買った場合、それぞれ何本ずつで、合計何円になる予定でしたか。

「数をまちがえて、逆にしてしまった」問題は、まちがった方の面積図を１８０°回転させて、正しい方の面積図の上にのせると「長方形の面積図になる」という工夫を利用して解きます。

面積図は下のようになります。

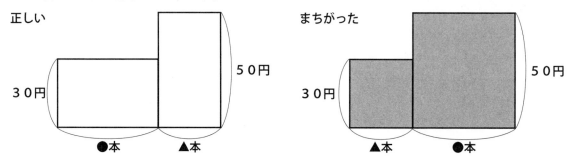

この、「まちがった買い方の面積図」を１８０°回転させ、「正しい買い方の面積図」の上にぴったりとつけると、「●本」と「●本」は等しく、「▲本」と「▲本」も等しいので、ちょうど長方形ができます。

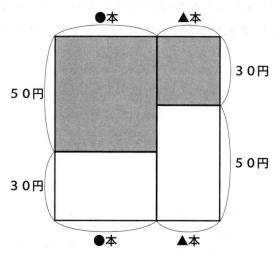

個数を逆にまちがった問題

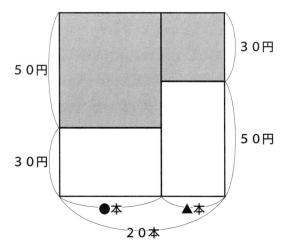

この図から、解いていきましょう。

大きな長方形全体の面積は

（５０円＋３０円）×２０本＝１６００円

これより

　　「まちがった買い方の代金」＋「正しい買い方の代金」＝１６００円

ということがわかります。

　また、問題より

　　「まちがった買い方の代金」－「正しい買い方の代金」＝１２０円

ということもわかります。

ここからは「和差算」の考え方で解きます。和差算は線分図で書くと良くわかります。

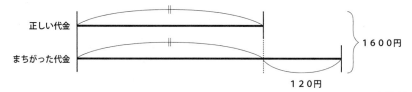

１６００円－１２０円＝１４８０円…⊢⊣２つ

１４８０円÷２＝７４０円…⊢⊣１つ…正しい代金

ここからは「つるかめ算」になります。

> 「和差算」の解き方は
> 「サイパー思考力算数練習
> 帳シリーズ３　和差算・分
> 配算」を学習してください。

> 「つるかめ算」は「サイパー思考力算数練習帳シリーズ１１　つ
> るかめ算と差集め算」「同５２　面積図１」を学習してください。

個数を逆にまちがった問題

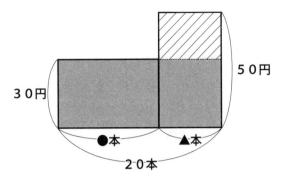

30円×20本＝600円…灰色の長方形の面積

740円－600円＝140円…斜線の長方形の面積

140円÷（50円－30円）＝7本…▲：50円のえんぴつの本数

20本－7本＝13本…●：30円のえんぴつの本数

　答、　30円のえんぴつ：13本、50円のえんぴつ：7本、代金：740円

◆　　　◆　　　◆　　　◆　　　◆　　　◆　　　◆

問題14、1個40円のけしゴムと1個70円のけしゴムをあわせて15個買う予定
　　でしたが、まちがえて個数を逆に買ってしまったため、代金が90円高くなって
　　しまいました。正しく買った場合、それぞれ何個ずつで、合計何円になる予定で
　　したか。

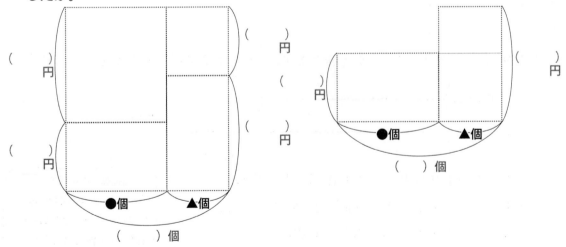

個数を逆にまちがった問題

答、　40 円　　　　個、70 円　　　　個、合計　　　　　　円

問題１５、１個８０円のけしゴムと１個１２０円のけしゴムをあわせて１６個買う予定でしたが、まちがえて個数を逆に買ってしまったため、代金が８０円安くなってしまいました。正しく買った場合、それぞれ何個ずつで、合計何円になる予定でしたか。（面積図を２つ書きましょう）

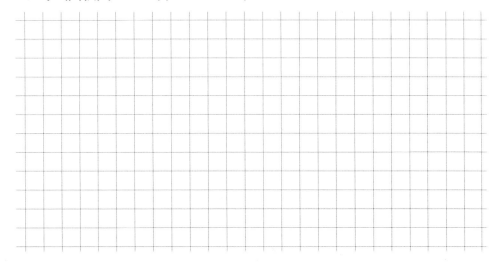

答、　80 円　　　　個、120 円　　　　個、合計　　　　　　円

テスト2

点

★以下、全て面積図を書いて答えましょう。

テスト2－1、20％の食塩水100gと30％の食塩水150gをまぜると、何％の食塩水が何gできますか。（図5点、答5点）

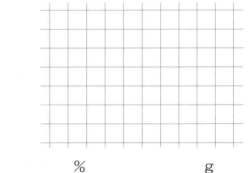

答、＿＿＿＿＿＿％＿＿＿＿＿＿g

テスト2－2、18％の食塩水180gに何％かの食塩水240gをまぜると、22％の食塩水ができました。まぜた240gの食塩水は何％でしたか。

（図5点、答5点）

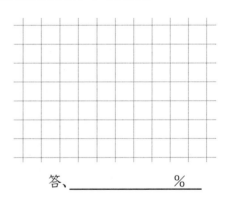

答、＿＿＿＿＿＿％

テスト2－3、1％の食塩水90gに食塩20gをまぜると、何％の食塩水が何gできますか。（図5点、答5点）

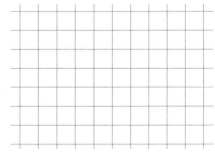

答、＿＿＿＿＿＿％＿＿＿＿＿＿g

テスト2

テスト2－4、ある食塩水１１０ｇに食塩１０ｇをまぜると、２３％の食塩水ができ
　ました。ある食塩水１１０ｇの濃度は何％でしたか。（図５点、答５点）

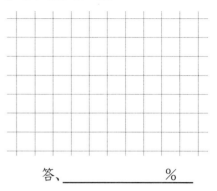

答、＿＿＿＿＿＿＿＿＿＿％＿＿＿＿＿

テスト2－5、２２％の食塩水１２０ｇに水１００ｇをまぜると、何％の食塩水が何
　ｇできますか。（図５点、答５点）

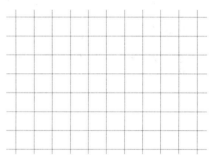

答、＿＿＿＿＿＿％＿＿＿＿＿＿ｇ＿＿＿

テスト2－6、ある食塩水に水６０ｇをまぜると、１６％の食塩水２２０ｇができま
　した。ある食塩水は何％で何ｇでしたか。（図５点、答５点）

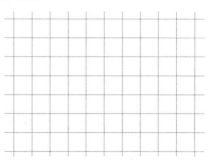

答、＿＿＿＿＿＿％＿＿＿＿＿＿ｇ＿＿＿

テスト2

テスト2－7、6％の食塩水630gからに水450gを蒸発させると、何％の食塩水が何gできますか。（図5点、答5点）

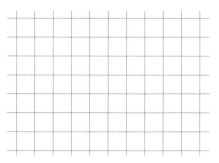

答、＿＿＿＿＿＿＿＿＿＿＿％＿＿＿＿＿＿＿＿＿g

テスト2－8、15％の食塩水150gからに水60gを蒸発させた食塩水に、20％の食塩水160gをまぜると、何％の食塩水が何gできますか。（面積図を2つ書きましょう）（図5点、答5点）

答、＿＿＿＿＿＿＿＿＿＿＿％＿＿＿＿＿＿＿＿＿g

テスト2－9、1個80円のけしゴムと1個150円のけしゴムをあわせて16個買う予定でしたが、まちがえて個数を逆に買ってしまったため、代金が140円高くなってしまいました。正しく買った場合、それぞれ何個ずつで、合計何円にな

テスト 2

る予定でしたか。（**面積図を２つ書きましょう**）（図５点、答５点）

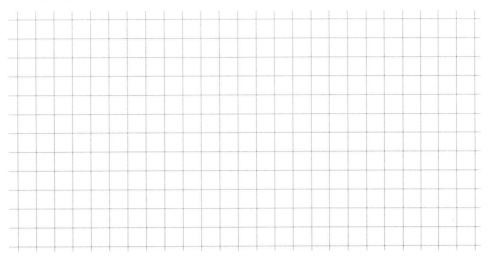

答、　80 円　　　　個、150 円　　　　個、合計　　　　　　円

テスト２－１０、１個９５円のけしゴムと１個１３０円のけしゴムをあわせて２０個
買う予定でしたが、まちがえて個数を逆に買ってしまったため、代金が１４０円
安くなってしまいました。正しく買った場合、それぞれ何個ずつで、合計何円に
なる予定でしたか。（**面積図を２つ書きましょう**）（図５点、答５点）

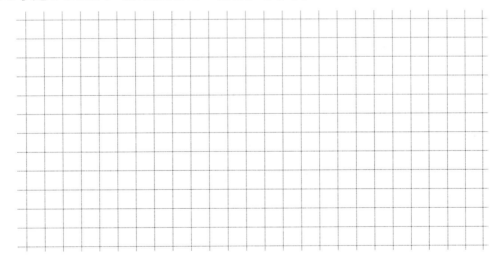

答、　95 円　　　　個、130 円　　　　個、合計　　　　　　円

※テスト３（比で解く食塩水の問題）

点

テスト３－１、３０％の食塩水と６％の食塩水をまぜて１６％の食塩水を２４０ｇつくりました。３０％の食塩水と６％の食塩水をそれぞれ何ｇずつまぜましたか。（図10点、答10点）

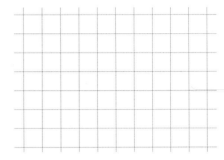

答、30％ _____ ｇ、6％ _____ ｇ

テスト３－２、１８％の食塩水と２６％の食塩水をまぜて２１％の食塩水を４００ｇつくりました。１８％の食塩水と２６％の食塩水をそれぞれ何ｇずつまぜましたか。（図10点、答10点）

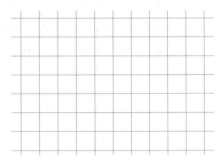

答、18％ _____ ｇ、26％ _____ ｇ

テスト３－３、１２％の食塩水と食塩をまぜて２８％の食塩水を４４０ｇつくりました。１２％の食塩水と食塩をそれぞれ何ｇずつまぜましたか。（図10点、答10点）

答、___12%_____ｇ、食塩_____ｇ

テスト３－４、１８％の食塩水と水をまぜて４％の食塩水を４５０ｇつくりました。
　　　１８％の食塩水と水をそれぞれ何ｇずつまぜましたか。（図10点、答10点）

答、___18%_____ｇ、水_____ｇ

テスト３－５、１２％の食塩水４００ｇから水を何ｇか蒸発させると、３２％の食塩
　　　水ができました。水を何ｇ蒸発させましたか。（図10点、答10点）

答、___水_____ｇ

解 答　解き方は一例です

※面積図は、解く時の方針の手助けになっていれば、それで正解にしてください。

P 1 3

問題1

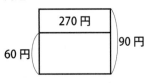

90 円 − 60 円 = 30 円

270 円 ÷ 30 円 = 9 本

　　　　　　9本

問題2

7 個 − 4 個 = 3 個

75 個 ÷ 3 個 = 25 人

7 個 × 25 人 = 175 個

　　　25人、175個

P 1 4

問題3

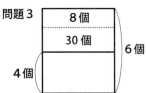

30 個 + 8 個 = 38 個

6 個 − 4 個 = 2 個

38 個 ÷ 2 個 = 19 人

4 個 × 19 人 + 30 個 = 106 個

（6 個 × 19 人 − 8 個 = 106 個）

　　　19人、106個

P 1 4

問題4

240m / 300m / 80m/分 / 60m/分

60m/分 × 5 分 = 300m

80m/分 × 3 分 = 240m

300m + 240m = 540m

80m/分 − 60m/分 = 20m/分

540m ÷ 20m/分 = 27 分

60m/分 × (27 分 + 5 分) = 1920m

(80m/分 × (27 分 − 3 分) = 1920m)

　　　　1920m

問題4
別解

80m/分 / 60m/分 / 3分 / 予定の時間 / 5分

5 分 + 3 分 = 8 分

60m/分 × 8 分 = 480m

80m/分 − 60m/分 = 20m/分

480m ÷ 20m/分 = 24 分

80m/分 × 24 分 = 1920m

　　　　1920m

問題5

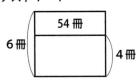

24ページ / 18ページ / 7日

18 ページ × 7 日 = 126 ページ

24 ページ − 18 ページ = 6 ページ

126 ページ ÷ 6 ページ = 21 日

24 ページ × 21 日 = 504 ページ

　　　　504ページ

P 1 5

テスト1−1

54 冊 / 6 冊 / 4 冊

6 冊 − 4 冊 = 2 冊

54 冊 ÷ 2 冊 = 27 人

4 冊 × 27 人 = 108 冊

　　　27人　108冊

解答

P15

テスト1－2

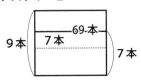

69 本－7 本＝62 本
9 本－7 本＝2 本
62 本÷2 本＝31 人
7 本×31 人－7 本＝210 本
（9 本×31 人－69 本＝210 本）

<u>31人、210本</u>

テスト1－3

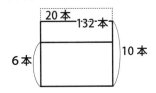

132 本－20 本＝112 本
10 本－6 本＝4 本
112 本÷4 本＝28 人
6 本×28 人＋132 本＝300 本
（10 本×28 人＋20 本＝300 本）

<u>28人、300本</u>

P16

テスト1－4

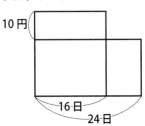

10 円×16 日＝160 円
24 日－16 日＝8 日
160 円÷8 日＝20 円
20 円×24 日＝480 円

<u>480円</u>

P16

テスト1－5

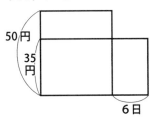

35 円×6 日＝210 円
50 円－35 円＝15 円
210 円÷15 円＝14 日
50 円×14 日＝700 円

<u>700円</u>

P17

テスト1－7

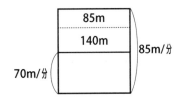

70m/分×2 分＝140m
85m/分×1 分＝85m
140m＋85m＝225m
85m/分－70m/分＝15m/分
225m÷15m/分＝15 分
70m/分×（15 分＋2 分）＝1190m
（85m/分×（15 分－1 分）＝1190m）

<u>1190m</u>

テスト1－7
別解

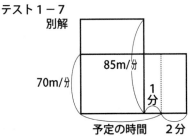

2 分＋1 分＝3 分
70m/分×3 分＝210m
85m/分－70m/分＝15m/分
210m÷15m/分＝14 分
85m/分×14 分＝1190m

<u>1190m</u>

テスト1－6

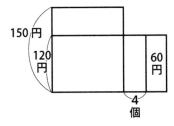

120 円×4 個＋60 円＝540 円
150 円－120 円＝30 円
540 円÷30 円＝18 個
150 円×18 日＝2700 円

<u>18個、2700円</u>

解答

P17

テスト1−8

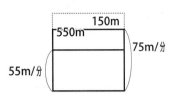

55m/分 × 10 分 = 550m

75m/分 × 2 分 = 150m

550m − 150m = 400m

75m/分 − 55m/分 = 20m/分

400m ÷ 20m/分 = 20 分

55m/分 × （20 分 + 10 分）= 1650m

（75m/分 × 20 分 + 2 分）= 1650m）

__1650m__

テスト1−8
別解

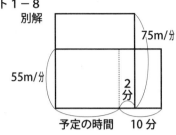

10 分 − 2 分 = 8 分

55m/分 × 8 分 = 440m

75m/分 − 55m/分 = 20m/分

440m ÷ 20m/分 = 22 分

75m/分 × 22 分 = 1650m

__1650m__

P23

問題6

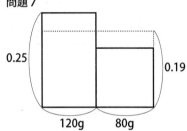

0.1 − 0.06 = 0.04

0.04 × 25g = 1g

75g + 25g = 100g

1g ÷ 100g = 0.01

0.06 + 0.01 = 0.07 = 7 %

__7%、100g__

問題7

0.25 − 0.19 = 0.06

0.06 × 120g = 7.2g

7.2g ÷ 80g = 0.09

0.19 − 0.09 = 0.1 = 10%

__10%__

P24

問題8

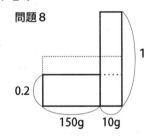

1 − 0.2 = 0.8

0.8 × 10g = 8g

150g + 10g = 160g

8g ÷ 160g = 0.05

0.2 + 0.05 = 0.25 = 25%

__25%、160g__

P24

問題9

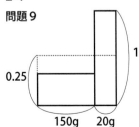

1 − 0.25 = 0.75

0.75 × 20g = 15g

15g ÷ 150g = 0.1

0.25 − 0.1 = 0.15 = 15%

__15%__

解答

問題１０

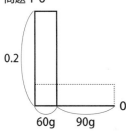

$0.2 - 0 = 0.2$

$0.2 \times 60g = 12g$

$60g + 90g = 150g$

$12g \div 150g = 0.08 = 8\%$

　　　　<u>8%、１５０g</u>

問題１１

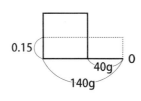

$0.15 \times 140g = 21g$

$140g - 40g = 100g$

$21g \div 100g = 0.21 = 21\%$

　　　<u>２１%、１００g</u>

問題１２

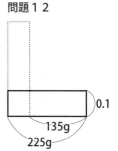

$225g \times 0.1 = 22.5g$

$225g - 135g = 90g$

$22.5g \div 90g = 0.25 = 25\%$

　　　<u>２５%、９０g</u>

※問題１３

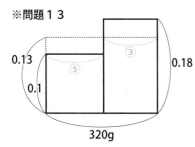

$0.13 - 0.1 = 0.03$

$0.18 - 0.13 = 0.05$

$0.03 : 0.05 = 3 : 5$

$320g \times \dfrac{5}{3+5} = 200g \cdots 10\%$

$320g - 200g = 120g \cdots 18\%$

　　<u>10%　２００g、18%　１２０g</u>

解答

P28

問題14

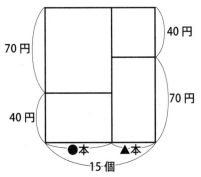

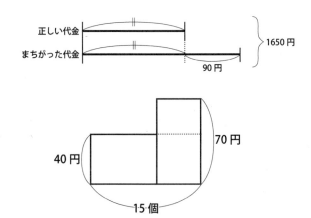

70円＋40円＝110円

110円×15個＝1650円

1650円－90円＝1560円

1560円÷2＝780円…正しい値段

40円×15個＝600円	別解
780円－600円＝180円	70円×15個＝1050円
70円－40円＝30円	1050円－780円＝270円
180円÷30円＝6個…70円	70円－40円＝30円
15個－6個＝9個…40円	270円÷30円＝9個…40円
	15個－9個＝6個…70円

40円　9個、70円　6個、合計　780円

P29

問題15

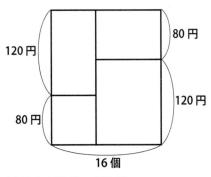

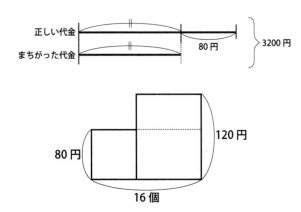

80円＋120円＝200円

200円×16個＝3200円

3200円＋80円＝3280円

3280円÷2＝1640円…正しい値段

80円×16個＝1280円	別解
1640円－1280円＝360円	120円×16個＝1920円
120円－80円＝40円	1920円－1640円＝280円
360円÷40円＝9個…120円	120円－80円＝40円
16個－9個＝7個…80円	280円÷40円＝7個…80円
	16個－7個＝9個…120円

80円　7個、120円　9個、合計　1640円

解答

P30

テスト2－1

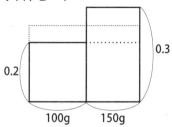

$0.3 - 0.2 = 0.1$

$0.1 \times 150g = 15g$

$100g + 150g = 250g$

$15g \div 250g = 0.06$

$0.2 + 0.06 = 0.26 = 26\%$

<u>　26%、250g　</u>

テスト2－2

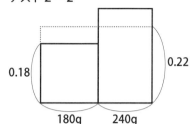

$0.22 - 0.18 = 0.04$

$0.04 \times 180g = 7.2g$

$7.2g \div 240g = 0.03$

$0.22 + 0.03 = 0.25 = 25\%$

<u>　25%　</u>

テスト2－3

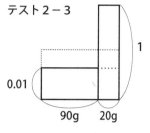

$1 - 0.01 = 0.99$

$0.99 \times 20g = 19.8g$

$90g + 20g = 110g$

$19.8g \div 110g = 0.18$

$0.01 + 0.18 = 0.19 = 19\%$

<u>　19%、110g　</u>

P31

テスト2－4

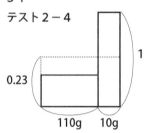

$1 - 0.23 = 077$

$0.77 \times 10g = 7.7g$

$7.7g \div 110g = 0.07$

$0.23 - 0.07 = 0.16 = 16\%$

<u>　16%　</u>

テスト2－5

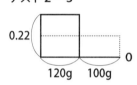

$0.22 - 0 = 0.22$

$0.22 \times 120g = 26.4g$

$120g + 100g = 220g$

$26.4g \div 220g = 0.12$

<u>　12%、220g　</u>

P32

テスト2－6

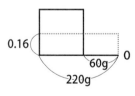

$0.16 \times 220g = 35.2g$

$220g - 60g = 160g$

$35.2g \div 160g = 0.22 = 22\%$

<u>　22%、160g　</u>

テスト2－7

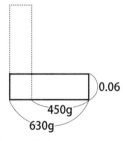

$0.06 \times 630g = 37.8g$

$630g - 450g = 180g$

$37.8g \div 180g = 0.21 = 21\%$

<u>　21%、180g　</u>

解答

P32

テスト2-8

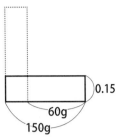

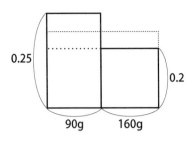

$0.15 \times 150g = 22.5g$

$150g - 60g = 90g$

$22.5g \div 90g = 0.25 = 25\%$

$0.25 - 0.2 = 0.05$

$0.05 \times 90g = 4.5g$

$90g + 160g = 250g$

$4.5g \div 250g = 0.018$

$0.2 + 0.018 = 0.218 = 21.8\%$

<u>　21.8%　250g　</u>

テスト2-9

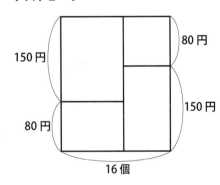

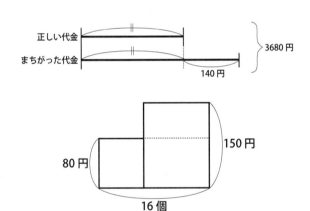

80円 + 150円 = 230円

230円 × 16個 = 3680円

3680円 - 140円 = 3540円

3540円 ÷ 2 = 1770円…正しい値段

　　　　　　　　　　　　　　　　　　別解

80円 × 16個 = 1280円　　　　150円 × 16個 = 2400円

1770円 - 1280円 = 490円　→2400円 - 1770円 = 630円

150円 - 80円 = 70円　　　　150円 - 80円 = 70円

490円 ÷ 70円 = 7個…150円　630円 ÷ 70円 = 9個…80円

16個 - 7個 = 9個…80円　　　16個 - 9個 = 7個…150円

<u>　80円　9個、150円　7個、合計　1770円　</u>

解答

P33

テスト2-10

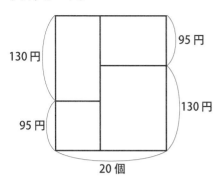

正しい代金
まちがった代金
140円
4500円

95円 ＋ 130円 ＝ 225円
225円 × 20個 ＝ 4500円
4500円 ＋ 140円 ＝ 4640円
4640円 ÷ 2 ＝ 2320円 … 正しい値段

95円 × 20個 ＝ 1900円
2320円 － 1900円 ＝ 420円
130円 － 95円 ＝ 35円
420円 ÷ 35円 ＝ 12個 … 130円
20個 － 12個 ＝ 8個 … 95円

別解

130円 × 20個 ＝ 2600円
2600円 － 2320円 ＝ 280円
→ 130円 － 95円 ＝ 35円
280円 ÷ 35円 ＝ 8個 … 95円
20個 － 8個 ＝ 12個 … 130円

　95円　8個、130円　12個、合計　2320円

P34

テスト3-1

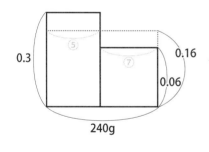

$0.3 - 0.16 = 0.14$
$0.16 - 0.06 = 0.1$
$0.14 : 0.1 = 7 : 5$
$240g \times \dfrac{5}{7+5} = 100g \cdots 30\%$
$240g - 100g = 140g \cdots 6\%$
　30%　100g、6%　140g

テスト3-2

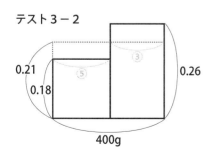

$0.21 - 0.18 = 0.03$
$0.26 - 0.21 = 0.05$
$0.03 : 0.05 = 3 : 5$
$400g \times \dfrac{5}{3+5} = 250g \cdots 18\%$
$400g - 250g = 150g \cdots 26\%$
　18%　250g、26%　150g

解答

P34

テスト3-3

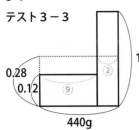

$0.28 - 0.12 = 0.16$

$1 - 0.28 = 0.72$

$0.16 : 0.72 = 2 : 9$

$440g \times \dfrac{9}{9+2} = 360g\cdots12\%$

$440g - 360g = 80g\cdots食塩$

<u>12%　360g、食塩　80g</u>

P35

テスト3-4

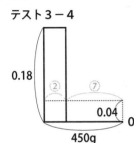

$0.18 - 0.04 = 0.14$

$0.04 - 0 = 0.04$

$0.14 : 0.04 = 7 : 2$

$450g \times \dfrac{2}{2+7} = 100g\cdots18\%$

$450g - 100g = 350g\cdots水$

<u>18%　100g、水　350g</u>

テスト3-5

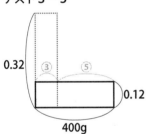

$032 - 0.12 = 0.2$

$0.12 - 0 = 0.12$

$0.2 : 0.12 = 5 : 3$

$400g \times \dfrac{5}{3+5} = 250g\cdots蒸発した水$

<u>250g</u>

M.acceess　学びの理念

☆学びたいという気持ちが大切です
　勉強を強制されていると感じているのではなく、心から学びたいと思っていることが、
　子どもを伸ばします。

☆意味を理解し納得する事が学びです
　たとえば、公式を丸暗記して当てはめて解くのは正しい姿勢ではありません。意味を理
　解し納得するまで考えることが本当の学習です。

☆学びには生きた経験が必要です
　家の手伝い、スポーツ、友人関係、近所付き合いや学校生活もしっかりできて、「学び」の
　姿勢は育ちます。
　生きた経験を伴いながら、学びたいという心を持ち、意味を理解、納得する学習をすれ
　ば、負担を感じるほどの多くの問題をこなさずとも、子どもたちはそれぞれの目標を達成
　することができます。

発刊のことば

　「生きてゆく」ということは、道のない道を歩いて行くようなものです。「答」のない問題を解
くようなものです。今まで人はみんなそれぞれ道のない道を歩き、「答」のない問題を解いてきま
した。
　子どもたちの未来にも、定まった「答」はありません。もちろん「解き方」や「公式」もありません。
　私たちの後を継いで世界の明日を支えてゆく彼らにもっとも必要な、そして今、社会でもっと
も求められている力は、この「解き方」も「公式」も「答」すらもない問題を解いてゆく力ではな
いでしょうか。
　人間のはるかに及ばない、素晴らしい速さで計算を行うコンピューターでさえ、「解き方」のな
い問題を解く力はありません。特にこれからの人間に求められているのは、「解き方」も「公式」
も「答」もない問題を解いてゆく力であると、私たちは確信しています。
　M.access の教材が、これからの社会を支え、新しい世界を創造してゆく子どもたちの成長
に、少しでも役立つことを願ってやみません。

思考力算数練習帳シリーズ
シリーズ５３　　面積図２　　差集め算・過不足算・濃度・個数を逆にまちがった問題　小数範囲

初版　第１刷
編集者　M.access（エム・アクセス）
発行所　株式会社　認知工学
〒６０４−８１５５　京都市中京区錦小路烏丸西入ル占出山町 308
電話　（０７５）２５６−７７２３　　email：ninchi@sch.jp
郵便振替　０１０８０−９−１９３６２　株式会社認知工学

ISBN978-4-86712-053-8　C-6341　　　　A530122L　M

定価＝　本体５００円　＋税